はじめに

ソーヤは16歳。10歳のときにうちに来ました。
人間でいえば80歳をとうに過ぎた、おじいわんです。

ソーヤを迎えたのは6年前。
「保護犬」という犬がいることを知って、
うちにも迎えたいなと思ったのがきっかけです。

10歳過ぎの雑種は
なかなか里親が決まらないと聞いていたのですが、
そんなときネットでソーヤの里親募集記事を見つけました。
「とてもおとなしい」というのが、
おすすめポイントの犬でした。
白くて茶色い耳がかわいいと思いました。
最初に会ったとき、せつない雰囲気の犬だなあと思いました。

ソーヤ(当時は別の名前でした)を預かっていた
愛護団体の人には
「この子はきっと生まれつきやさしい性格ですよ」
と言われました。

ソーヤには私の前に飼い主が数人いたのですが、
誰とも縁が薄く、転々としたそうです。
「ソーヤ」が幾つめかの終(つい)の名前になりました。
子犬の頃の名前を私は知らないけれども、
もしその名前で呼んだらキョトンとするのかな。
しっぽを振るのかな。

ソーヤは漢字で書くと「颯也(そうや)」。サッソウとさわやかに。
そしてトム・ソーヤーのように純粋な少年の心を失わず、
南極観測船「宗谷」のように強くくじけない！

ソーヤと散歩してると、ときどき、
子どもの頃飼っていた犬に似ているとか、
実家で飼っている犬によく似ている、
と懐かしそうに話しかけてくれる人がいます。

そんなふうに
ほかの人の懐かしい思い出にもつながっていたら、
うれしいです。

この本は、そんなおじいわんの、
この数年の足跡(あしあと)です。

飽きるぐらいに何回も歩いた道だけど、
ソーヤはいつも楽しそうに歩いてくれるんだよ。

散歩していて、通りすがりのおじさんに
ソーヤの年を聞かれたので答えたら、
「15歳なら中学生、まだこれからですな!
元気元気! はっはっは」と励ましてくださった。
中学生のおじいわん、元気に歩きました。

狭い歩道をソーヤとテクテク歩いていると、
向こうから来た人が脇に寄って、
ソーヤが通過するまで待っていてくれる。
犬を飼ってから、
優しい人がたくさんいることを知った。

しばらく行かなかった散歩コースは、
お手紙をまとめ読みするのか、
通過に少々時間がかかる。

この電柱のお手紙はいつも熱心に読む。
今日は何かに思いをはせるような
遠い目をしていた。
お手紙の内容は教えてくれない。

地面から30センチの情報に関しては、
犬にかなわない。

どうしておかあしゃんは
草むらに顔を突っ込まないんだろう。
楽しいお手紙がたくさん読めるのに。

よきメッセージがあったらしい。

犬にしか聞こえない音があるようです。
草むらの小さな虫たちのおしゃべりとか。
ニヤリとしています。

帰ろう、という言葉に敏感。

雨に濡れました。今、雪に変わってます。

雨だからもう帰ろうね、
と言ったら、
名残惜しそうに
何度も嗅(か)いでいた。

雨の散歩は
濡れてもいいから
耳は出したい派だよ。

おじいわん、車が来ると急いで
（ふだんの３割増しのスピードで）端に寄る。

白い地面はつるつる滑るよ。
ゆっくりゆっくり歩いたよ。

まつげに雪。

散歩ですれ違ったおじいさんは
「うちの犬は15歳まで生きた。
犬は好きだけど、もう飼えない。
ほら、(自分は)もう年だから」と言っていた。
ソーヤを見る目が優しかった。

おじいわんにも花

春が近所の原っぱを
美しくセッティングして、
老犬を花嫁さんみたいにしてくれた。

小さな花たちにもあいさつしたよ。
きみ、去年の春もここにいたよね。
どこに行ってたの？ おかえり。

エゴノキの白いじゅうたんの上を
おじいわんがさっそうと歩きます。
本物の花道です。

白い蝶がいつのまにか
もう1匹飛んできて、2匹で楽しそう。
「ぼくは彼女いない歴15年だな……。
いいけど別に……」

何か見つけてはていねいに挨拶するので、
なかなか先へ進まない散歩（人間寒い）。

ソーヤは猫が好き。
でも猫にはにらまれてしまい
遠い目。

散歩から帰ってソーヤの足の裏を拭いたら、
肉球のすきまにタンポポの綿毛。

おじいわんとセーター

毎年寒い時期の、
おかあしゃん手編みのセーター。
だいたいの寸法で編んで、
ひと通りできたところでソーヤに着てもらって、
また編み直します。

「昭和の香り漂う
　　トリコロール」
2016年

「謎のサーカス団風」
2017年

「ポンポン老犬の
　地味な誘惑」
2018年

「白犬に映える
　マジカルブルー」
2019年

節分に。

余り毛糸で
プチマフラーを編んだ。

小学生ぐらいの子どもに
「ワンちゃんさわってもいい?」
と聞かれたので
「いいよ」と言ったら、背中を撫でて
「ごわごわ〜、かわいい〜!」
とほめてくれた。

ソーヤは、かわいいと言われるより、
おだやか、優しそうと言われるほうが多い。
「もうだいぶ、おばあちゃんなの?」
ともよく聞かれる。
最初は「いえ、男です」と訂正していたけれども、
もう、おじいちゃんでも
おばあちゃんでもいいや、と思う。

おおソーヤ、おまえの耳は
なんとすてきな二等辺三角形なのだ。

鼻の先の色素が抜けてきて、
だんだん白っぽくなってきてる。
アンティークな味わい。

小学生の女の子に「うちの犬と色違い!」と言われた。そうか……ホノボノ。

散歩の途中、
春休み中の小学生たちに
「おしりの模様が猫みたい」
と絶賛される。

犬の前脚が「くの字」に小さく曲がるの、
かわいいなあと思いながら、毎日見ている。

年をとった後ろ脚の感じが好き。
ふかふかベッドで寝ようか、
ひんやりした床の上で寝ようか、
考え中かな。

平泳ぎっぽく寝ている。

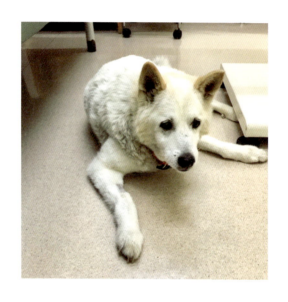

前脚の開き方がとてもかわいいと
家族が目を細める。

少しずつ
老いていくということ

ソーヤが15歳を過ぎたころから、
ずいぶん老いたなあと思うようになりました。
ペタンと尻もちをついてしまい、
最近では、支えてあげないと
起き上がれないこともよくあります。
横断歩道を渡り切る前に
赤になってしまうことが多いので、
抱いて渡るようになりました。
犬の時間は人の時間を
あっというまに追い抜いていくのですね。

目が悪くなったせいか、
道路の白線の上を平均台のように歩く。

いつも階段の手前でいったん立ち止まり、
気を整えてから上がる。
転ぶのが不安なのか、
最初の一歩がなかなか出ない。

歩く。ふう〜、ちょっとひと休み……。
そのひと休みが長い。

おじいわん、もしや
立ち止まったまま寝ているのでは。

強風にあおられて、
今日ソーヤは２回尻もちをついた。
そんなときは私が
お尻を持ち上げるのを待っている。

前はソーヤがよく眠っていると、
可愛い寝顔だなあと見つめていたのが、
最近は微動だにしないと不安になって
少し揺すってみたりする。

痩(や)せたわけではないけれども、
寝たとき、からだが薄くなったなと思う。
顔もいつのまにか少し小さくなっていた。
しっぽも、年をとると細くなるんだな。

散歩中に立ち止まり、
しばらく思案してたかと思うと、
おもむろにUターンして帰路につくことが多くなった。
もっと遠くまで行けば疲れてしまい、
家まで歩いて帰れなくなってしまうと判断するんだろうか。
散歩の距離が徐々に短くなるのは少し悲しそうだけど、
自分の体力と相談しているのはいじらしいと思う。

そばで名前を呼んでも気がつかないので、
少し大きめの声で呼ぶと、ハッとしてこちらを見る。

座るよりも立ち上がるほうがずっと難儀みたいで、
思わずガンバレー、と言ってしまう。

うちの子になった当初、おやつのクッキーは丸ごとあげていたのだけど、だんだん口の端からこぼれるようになってきたので、半分に割ってあげるようになった。最近は3分の1にしてあげている。小さくなったおやつを、何回もかんで食べている。

15歳の春、体調を崩して、初めて病院に一泊した。
退院後、ゆっくり調子が戻ってきたところ。

ソーヤは私の愚痴に相槌(あいづち)を打ったり
(チラッと見るなど)、
賛同してくれたり(しっぽを振るなど)、
大変聞き上手なのですが、
そこは年の功だと思うのでやはり老犬は慈しむべき。

ソーヤはうちに来たとき、
すでに11歳近くて、ほんのり老犬だった。
数年したら介護することになるかも、と思いながら、
一緒に過ごした時間が短いのに介護する気持ちが
自分の中に出てくるか、少し不安だった。
けれどもうちに来て2日で、そんな不安は消えた。

散歩ですれちがう人たちが
「がんばってるね!」とたくさん声をかけてくれるので、
ソーヤは「ワンワン」「ワンちゃん」のほかに
「ガンバッテルネ」も自分の名前だと思っているだろうな。

ワンちゃん

ガンバッテルネ

年を重ねるほど無垢(むく)に近づいていく気がする。

保護犬を迎えて

ソーヤは、うちに来てひと月ぐらいは表情も硬くて、
人のすることを目でじーっと追っていた。

長いことまったく吠えなかったので、
近所の人たちも
「ずいぶんおとなしい犬だね」と驚いていた。
そのうちにときどき吠えるようになり、
意外に大きな声なのでヒヤヒヤしてたけれども、
「元気出てきてよかったなあ」と言ってもらえたのが、
うれしかった。

うちに迎えてまもないころ、何気なく口にしたひとことに、
床で寝ていたソーヤがパッと反応して、
後ろ脚で立ち上がって、芸をしてみせたことがあった。
それが必死な感じでせつなくなって、
その言葉をうちでは封印した。
私が知らない、うちに来るまでの10年間。

２、３年すると、自分から、
からだをぎゅーっと押しつけて甘えてくれるようになって、
それが重いのもうれしかった。

ソーヤは、いまでもときどき、
どこか流れに身をまかせている感じがする。
もともとの性格もあるかもしれないけれども、
10歳までそうやって生きてきたのだから、と思う。
考えてみるとたくましい。

いまでもどちらかというと甘え下手。
でも控えめな表情でソーヤなりに気持ちを
伝えてくれるのがかわいい。

ともに暮らす日々、
ささやかな幸せ

買い物から帰ってきたら
ソーヤのおやつを
そっと戸棚にしまうのだけど、
いつも静かにやってきて
黙って私を見つめる。
ひとつだけあげる。

ソーヤが隣の部屋に行ったのを見届けてから
人間用のお菓子の袋をガサガサ開けるのだけど、
呼びましたか？ みたいな顔をして戻ってくる。
そんなときは、ふだんよりすばやく歩く気がする。

のっそり出てきてゆっくり喉(のど)を潤して、
飄(ひょうひょう)々と去ってゆくおじいわん。

ソーヤを迎える前からわが家にいた先輩ウサギのコロン。
2匹を庭に出してあげると、つかず離れず遊んでいたっけ。
(コロンは2015年11月に永眠)

おじいわんは昼も夜もよく眠る。
コロンが遊んでほしそうにしていてもおかまいなし。
ぐーぐー。

犬を起こさないようにそっと歩く、
日曜日の午後。

狂犬病の予防接種に行ってきた。
ソーヤは車に乗せられると
とても不安そうな顔をする。
どこかよそに連れて行かれることを知っている。

背後に静かな鼻息と視線を感じて、
ハッと時計を見ると、
散歩の時間であった(よくある)。

自分の夜ごはんができあがるのを
キッチンの前でウキウキ待ってます。
幼い子どものようです。

たまには畳の上で
本でも読もうかなと和室に行ったら、
ほどなく迎えに来た。
近くにいてほしいらしい。

テレビを見たかったんだけど、
犬がかわいい顔をしているので、
しばらく犬を見ている。

おとうしゃんの帰りを待っています。
いつもこのドアが開いて
現れることを知っています。

おかあしゃん、
ぼくは寝ますよ、寝ますからね。
(すんなり寝ないでわざわざあいさつに来るのは、
ベッドのそばのテレビを消してほしいとき)。

夜、ふと目を覚ましたときに
私がそばにいると、
ちょっとうれしそうにする。

なぜうちに天使がいるのだ。

おわりに

同じ景色を見ながら
歳月を重ねる縁と幸せ

私は犬と暮らすのはソーヤが初めてです。
部屋の中に犬用のベッド、フードの器、
散歩用のリードなどが新たに加わるのは、
まるで子どもが増えたようでした。

ソーヤは散歩が大好きです。
雨でも雪でも毎日、朝夕散歩します。
散歩コースに「この道に来たら一緒に走ろう」と
約束していた道があります。
その道に差し掛かると、ソーヤは私を見ながら
楽しそうに小走りし始め、
私も並んで走っていました。

歳月は流れ、
いつからかソーヤは走れなくなりました。
脚の運びも徐々に遅くなり、
立ち止まることが増えました。
私も立ち止まり、
ソーヤの眼差しの先にある景色を眺めます。

ソーヤは確実に衰えてきています。
わずかな段差にもつまずき転ぶようになりました。
それでもそんな身体の不自由に慣れようとしているのが
いじらしくて、私はよく頭を撫でます。

一緒に走る約束の道は、
今はのんびりゆっくり歩く道になりました。

2019年3月

歳とった犬のかわいさよ。

東雲鈴音 (しののめ・りおん)

ソーヤの飼い主。ソーヤが10歳のとき、家族に迎える。
夫と息子とソーヤとウサギのミミと暮らす。
Twitterアカウント：@goen0414

絵：髙旗将雄　　装幀：川名 潤